送给我的女儿小雪。

——张辰亮

送给我亲爱的弟弟和小侄女。

——无理连

图书在版编目（CIP）数据

猛犸象日记/张辰亮著；无理连绘. —北京：北京科学技术出版社，2019.10（2020.6重印）
（今天真好玩）
ISBN 978-7-5714-0472-7

Ⅰ.①猛… Ⅱ.①张…②无… Ⅲ.①猛犸象–儿童读物 Ⅳ.①Q959.845–49

中国版本图书馆CIP数据核字（2019）第205155号

猛犸象日记

作　　者：张辰亮	绘　　者：无理连
策划编辑：代　冉	责任编辑：代　艳
责任印制：张　良	图文制作：天露霖
出版人：曾庆宇	出版发行：北京科学技术出版社
社　　址：北京西直门南大街16号	邮政编码：100035
电话传真：0086-10-66135495（总编室）	0086-10-66113227（发行部）
0086-10-66161952（发行部传真）	
电子信箱：bjkj@bjkjpress.com	网　　址：www.bkydw.cn
经　　销：新华书店	印　　刷：北京利丰雅高长城印刷有限公司
开　　本：889mm×1194mm　1/16	印　　张：2.25
版　　次：2019年10月第1版	印　　次：2020年6月第2次印刷
ISBN 978-7-5714-0472-7/Q·182	

定价：132.00元（全6册）

猛犸象日记

张辰亮◎著　　无理连◎绘

北京科学技术出版社

1月11日

太阳出来了，暖洋洋的。

我和姐姐用鼻子卷起雪，扬到空中，
看它们在阳光下一闪一闪地飘下来。

每个大晴天，我们都这样庆祝。

1月 12日

姥姥是我们家族的首领。今天她带我们去一片没去过的森林吃云杉。

"吃了一冬天的云杉了，能吃点儿别的吗？"姨妈皱着眉问。

"冬天只有云杉。吃腻了叶子，可以吃树皮。"姥姥说。

"那我还是吃叶子吧。"姨妈气鼓鼓地说。

我和姐姐不用吃云杉，因为我们吃妈妈的奶。哈哈！

地上掉下很多云杉球果，我和姐姐用鼻子把球果吸起来，再喷到树上，砸下来更多的球果。

！！！

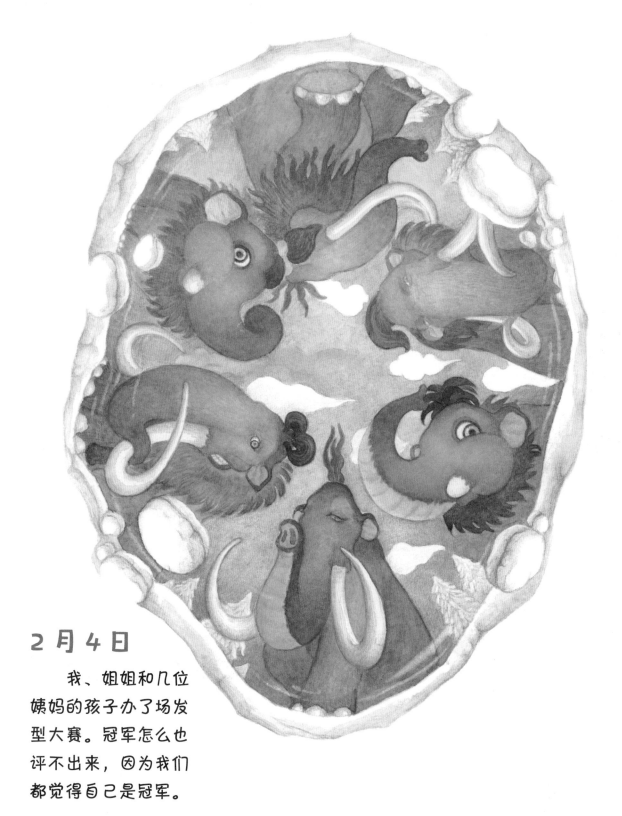

2 月 4 日

我、姐姐和几位姨妈的孩子办了场发型大赛。冠军怎么也评不出来，因为我们都觉得自己是冠军。

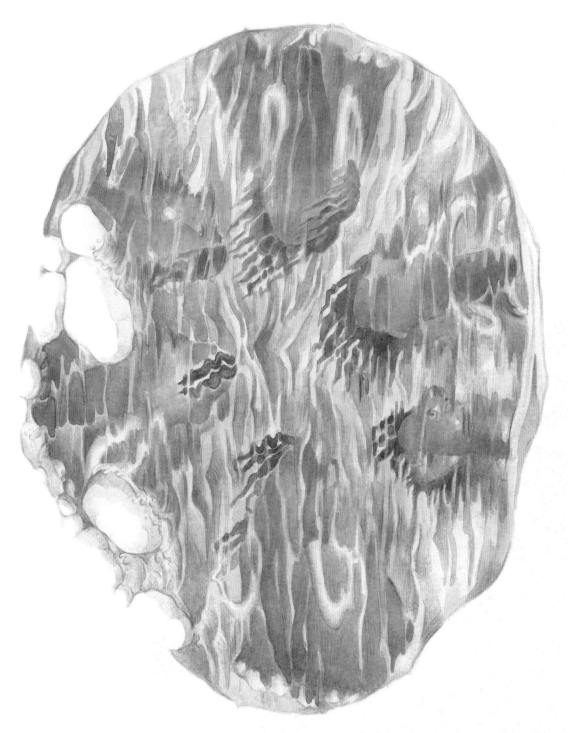

不用评了，起风了。

2月28日

　　吓死我了！我正在树林边走的时候，一只大鹿角"嘭"的一声掉在我面前！

　　原来是大角鹿在换角。他每年都要换一次角，冬天掉旧的，春天再长新的。

　　这是我见过的最大的鹿角，扔在地上多可惜呀。

8

我给这只鹿角找到了新用途！

4月15日

我们遇到了一群麝牛。他们用蹄子刨开积雪，让干草露出来，请我们一起吃。

我和小麝牛的毛都很长，但我有长鼻子，他没有；他有角，我没有。

4 月 16 日

来了几头洞狮!

他们不敢惹我们猛犸象,于是准备吃小麝牛。

大麝牛赶紧围成一圈,把小麝牛围在里面。

洞狮研究了半天也不敢上前,只好溜了。

5 月 1 日

　　有什么东西从雪地里钻了出来。原来是一丛番红花。

　　妈妈说，番红花长出来，春天就要到了！

月 3 日

　　姥姥带我们向北方迁徙。雪开
始融化，北方会有好吃的草长出来。
　　妈妈和姨妈们非常高兴，边走
边说："终于不用吃云杉了！"

5 月 15 日

我闻到了青草的香味。

翻过一座山，我们面前出现了一片番红花花海！

这里就是我们要找的大草原。春天万岁！

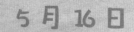

5 月 16 日

草原上好热闹！我交了好多新朋友！

和高鼻羚羊比鼻子

和野马唱歌

16

调查驯鹿角有多少叉

和披毛犀拔河

17

6 月 2 日

　　天气越来越热，我开始换毛，发型变得很丑。姐姐天天笑话我。

6 月 10 日

今天是个好日子，姐姐也开始换毛，比我还难看。

一头特别大的猛犸象和一头特别大的披毛犀打起来了！

妈妈认出来那头猛犸象是我家的一位叔叔，他长大后自己出去闯荡了。几年不见，他长得好威武，牙齿超级长。

披毛犀眼神不好，撞到叔叔，所以他们打了起来。

21

7 月 2 日

夏天来了。我发现夏天有一个缺点：蚊子多。

今天尤其厉害，蚊子多到我睁不开眼！我甩鼻子都甩累了。

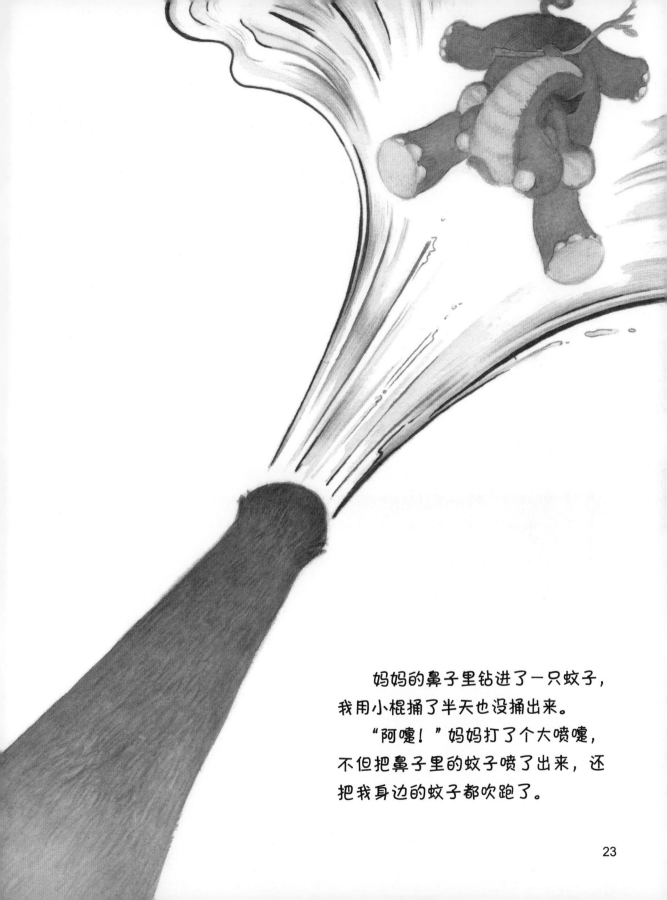

妈妈的鼻子里钻进了一只蚊子，
我用小棍捅了半天也没捅出来。
"阿嚏！"妈妈打了个大喷嚏，
不但把鼻子里的蚊子喷了出来，还
把我身边的蚊子都吹跑了。

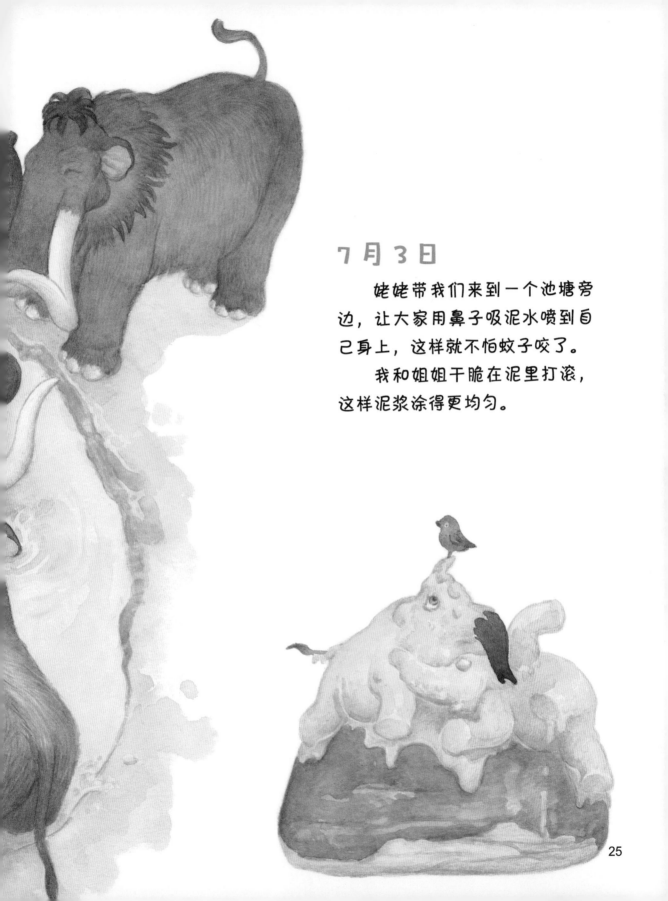

7 月 3 日

　　姥姥带我们来到一个池塘旁边，让大家用鼻子吸泥水喷到自己身上，这样就不怕蚊子咬了。

　　我和姐姐干脆在泥里打滚，这样泥浆涂得更均匀。

25

7月5日

　　今天，姐姐去另一个池塘洗泥浆浴，结果一不小心陷进去，出不来了。

　　全家人赶紧把她拽了出来。姨妈说："不要随便去陌生的池塘，很多猛犸象就是这样陷进去死掉的。"

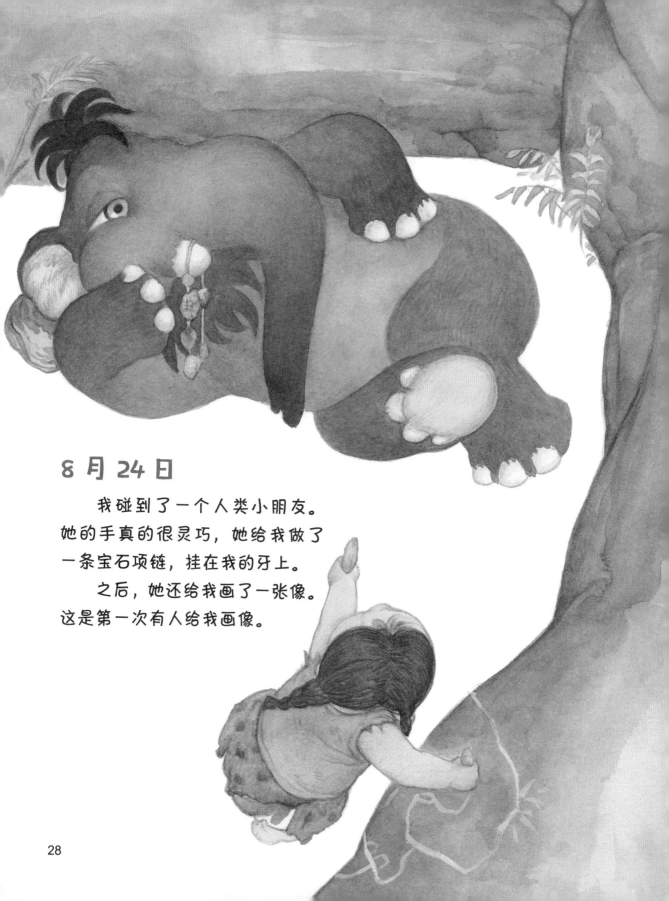

8 月 24 日

　　我碰到了一个人类小朋友。
她的手真的很灵巧，她给我做了
一条宝石项链，挂在我的牙上。
　　之后，她还给我画了一张像。
这是第一次有人给我画像。

她告诉我，她的长辈们会捕杀猛犸象，所以不能跟我多待了，让我以后离大人们远点儿。

妈妈也告诉过我，要远离人类。其实，我还挺想和他们做朋友的。

9月1日

　　天开始变凉了。姥姥、妈妈和姨妈们都在拼命地吃草，为过冬积攒营养。

　　大家都没工夫聊天，只有到晚上才会聊几句："撑死我了。""我也是。"

　　我喜欢在蓝莓丛里吃蓝莓，它们又香又甜。

9 月 20 日

开始下雪了。姥姥带着我们向南方迁徙。
这一次，我要尝尝云杉的味道！